EXAMEN

DE

L'OUVRAGE QUI A POUR TITRE:

LE MYSTÈRE DES MAGNÉTISEURS ET DES SOMNAMBULES ,
DÉVOILÉ AUX AMES DROITES ET VERTUEUSES ; PAR UN
HOMME DU MONDE.

EXAMEN

DE

L'OUVRAGE QUI A POUR TITRE :

LE MYSTÈRE DES MAGNÉTISEURS ET DES SOMNAMBULES,
DÉVOILÉ AUX AMES DROITES ET VERTUEUSES ; PAR UN
HOMME DU MONDE.

PAR M. SUREMAIN DE MISSERY,

Ancien officier d'artillerie, de la Société des sciences de Paris, et de
celle de Dijon.

*Dilectio sola discernit inter filios Dei et
filios diaboli.*

SAINT AUGUSTIN.

PARIS,

J. G. DENTU, IMPRIMEUR-LIBRAIRE,

rue du Pont de Lodi, n° 3, près le Pont-Neuf.

1816.

AVANT-PROPOS.

Attacherai-je mon nom à une brochure de quelques pages? à une production éphémère, née du moment et de la circonstance? à une discussion polémique, dont beaucoup de gens ne se soucieront guère? à un ouvrage enfin (si toutefois je puis lui donner ce nom) duquel il ne peut me revenir aucune gloire, et qui peut, au contraire, m'attirer des désagrémens?

Quoi! dira l'un de mes critiques (si toutefois je mérite d'en trouver), un ancien militaire est assez superstitieux pour croire au diable!

Pourquoi non? Il n'est pas encore bien décidé qu'un ancien militaire ne puisse avoir de la religion. Or, Nicole l'a dit, et la foi nous l'enseigne : *Dieu et le diable, c'est toute la religion.* La philosophie, je le sais, pourra sourire avec dédain, et me renverra au treizième siècle : soit. Ne vaut-il pas encore mieux appartenir à un siècle où l'on avait la simplicité de croire au diable, qu'à un autre où l'on s'enorgueillit de ne plus croire en Dieu ?

Mais, dira un second critique, comment se fait-il qu'un homme livré aux sciences exactes, puisse donner dans la chimère du magnétisme ?

Fort bien : mais il s'agit de savoir si le magnétisme est, en effet, une chimère. Or c'est là une question sur laquelle il est sans doute plus aisé de trancher, qu'il ne l'est de la résoudre avec connaissance de cause. Mais si, en théologie, en métaphysique, et même en physique, on peut, sous un certain point de vue, dire avec un écrivain profond, et qui pourtant s'est égaré, qu'il n'y a de vrai que ce qu'on ne voit pas, et de réel que ce qu'on ne comprend pas (texte qui pourrait si facilement être établi par un commentaire, si c'en était ici le lieu); trouvera-t-on, je le demande, qu'il y ait beaucoup de philosophie à nier les phénomènes du magnétisme, par la seule raison qu'on ne les comprend point, et qu'on n'en voit pas l'explication ?

Enfin, dira un troisième critique, se peut-il qu'un homme qui se montre religieux soutienne pourtant le magnétisme, et n'ait pas horreur d'un art qui paraît avoir le diable pour auteur?

Mais n'est-ce pas là un préjugé? Si le magnétisme vient en effet du démon, je suis tout prêt à y renoncer : mais si, quand il me faudrait à cet égard des preuves concluantes, on ne m'apporte que de fausses inductions,

je dois sans doute repousser celles-ci;
et la crainte du scandale ne saurait
m'arrêter, puisque ceux qui se scan-
daliseraient ne seraient certainement
pas raisonnables.

Cependant, je cours le risque de
soulever contre moi, et les philosophes
qui n'aiment pas qu'on croie au diable,
et les incrédules qui ne croient pas
même en Dieu, et les savans qui rejettent le magnétisme, et les personnes
religieuses qui lui attribuent une origine impure ou diabolique. Eh bien !
c'est pour cela même que je me
nomme; non que j'aime la dispute,
non que je veuille m'y livrer, mais
parce que je dois à ma propre dignité
de prendre l'attitude d'un homme qui
n'a rien à redouter, et qui ne craint
rien. C'est ce qui arrive toujours quand
on a des intentions droites, et qu'on ne
dit que ce qu'on pense.

EXAMEN

DE L'OUVRAGE QUI A POUR TITRE :

*Le Mystère des magnétiseurs et des som-
nambules, dévoilé aux ames droites et
vertueuses; par un homme du monde.*

Quoiqu'on ne puisse, sans témérité,
ni même sans absurdité, comparer les
phénomènes du magnétisme aux miracles
du christianisme, attendu que ce sont
deux ordres de faits essentiellement dis-
tincts; on peut observer cependant qu'il
y a quelque chose de commun dans les
faux jugemens portés par le public sur ces
deux ordres de faits. Car, et sur-tout dans
l'origine, les incrédules les rejettent également sans vouloir les examiner ; tandis
que certains croyans, qui ne sauraient s'empêcher de les admettre, les attribuent à la
puissance du démon.

Cette dernière opinion est celle de l'auteur que je réfute. Soit modestie, soit prudence, cet auteur a cru devoir cacher son
nom, et il se donne seulement pour un
homme du monde. S'il n'en a pas la légè-

reté dans les formes du style, il l'a éminemment dans la manière de voir et de
juger; car il ignore les principes et les
procédés du magnétisme; et cependant, il
se propose d'en *dévoiler les mystères.* Il
s'adresse aux *ames droites et vertueuses,*
pour les préserver de la séduction de cet
art; et il n'établit cette séduction que par
des faits isolés, qui dès-lors ne prouvent
rien. Enfin, pour la plus grande gloire de
Dieu (*ad majorum gloriam Dei,* c'est son
épigraphe), il prétend démontrer que cet
art vient du démon; et les preuves qu'il
met en avant, sont encore des faits en
l'air, et qui, quand ils seraient certains,
ne prouveraient rien. Mais plus communément il se borne à énoncer sa proposition,
et ensuite il dit qu'il l'a démontrée.

Ajouterai-je que, par suite de cette
même légèreté, qui lui fait mettre sur le
compte du magnétisme des abominations
toutes gratuites, il avance, en matière de
religion, une hérésie formelle, lorsque,
voulant opposer les effets du magnétisme à
ceux du christianisme, il dit incidemment
(*page* 21), que Jésus-Christ, considéré
comme Dieu, ne fait avec son père qu'une

seule et même *personne*? Et cependant, l'auteur de l'ouvrage en question se montre beaucoup plus éclairé sur la religion que sur le magnétisme.

Un tel ouvrage, entièrement dénué de critique, serait donc lui-même au-dessous de la critique, et il faudrait s'abstenir de le réfuter, si les conséquences qu'en tire l'auteur ne tendaient pas visiblement au fanatisme, et si, par-là même, cette production ne pouvait pas devenir dangereuse. Qu'on ne me reproche pas, au surplus, l'emploi de ce mot *fanatisme*, dont la philosophie, je le sais, a si horriblement abusé : car, pour moi, je n'en abuserai pas. Mais, parce que des sophistes ont pris malicieusement ce terme dans une fausse acception, sensuit-il que je ne puisse le prendre innocemment dans son acception véritable? D'ailleurs, est-ce au mot qu'on doit s'arrêter quand il s'agit de la chose? Ne faut-il pas un terme pour l'exprimer? et, quand il y en a un tout trouvé, irai-je en forger un autre? Ce serait sans doute une fausse délicatesse.

J'entre en matière, en prévenant que je

donnerai désormais à l'auteur que je réfute, la dénomination d'*anonyme*, puisqu'il a jugé à propos de ne pas se faire
connaître.

Il insinue d'abord (*p.* 5) que le *magnétisme somnambulique* (ce qu'il entend
aussi du magnétisme pur), *sans être un
dérivé immédiat de ces manœuvres du
démon, connues sous le nom de* POSSES-
SIONS, OBSESSIONS, SORTILÈGES, DIVINISA-
TIONS, *etc.*, *peut néanmoins être un nouveau stratagême imaginé par le démon,
pour séduire les ames, augmenter le nombre de ses affidés, et contrarier, autant que
possible, les œuvres de Jésus-Christ et de
ses ministres.*

Dans un siècle où l'on pense être trop
éclairé pour croire au diable, à cet être dont
le nom seul trop communément excite le
rire de la pitié ou celui du mépris, il n'est
pas inutile de faire à ce sujet sa profession
de foi. Je déclare donc franchement, et
sans en rougir, qu'en ma qualité de chrétien et de catholique, j'y crois tout aussi
fermement que l'anonyme; et qu'ainsi,
ce ne sera pas le défaut de cette croyance
qui m'empêchera d'adopter ses opinions

sur le magnétisme et le somnambulisme, si d'ailleurs elles sont bien établies.

Mais, dès l'abord, je trouve en son assertion quelque chose de douteux et d'incertain, qui ne convient guère, ce semble, à un homme qui s'annonce pour *dévoiler les mystères*. Remarquez, en effet, qu'il **ne** dit point que *le magnétisme somnambulique est un nouveau stratagême imaginé par le démon*, mais *qu'il paraît être*, etc. **En un mot**, sa proposition n'est point absolue, elle n'est que conditionnelle. **Si donc** il lui arrive par la suite d'en tirer des **conséquences** absolues, il sera évident qu'il aura mal raisonné et n'aura rien prouvé. Mais n'anticipons point.

La réserve de l'auteur continue page 6, où il dit : « Le démon, en vertu de sa pénétration, *a pu* distinguer quelqu'homme en qui il aura reconnu plus de haine pour Jésus-Christ, et plus de bonne volonté pour en détruire la religion ; et il a pu ensuite le disposer à seconder ses desseins, en établissant un *rapport* tout particulier, en vertu duquel le nouvel apôtre de l'erreur se serait trouvé investi de la faculté de faire certains prodiges, et de communiquer à d'autres le pouvoir de les opérer comme lui. » Dans tout ceci, l'auteur n'énonce qu'une simple possibilité, qui, sans doute, est incontestable : mais, pour la réalité, il ne l'énonce nullement.

Il ne l'énoncera pas même formellement en indiquant le plan de son ouvrage, que voici (*p.* 6, 7, 8) : « Je ne prétends nier aucun des effets des magnétiseurs et des somnambules. Mais ces effets n'étant explicables, ni par des causes naturelles, ni par des causes physiques, il faut donc chercher cette explication dans les causes surnaturelles..... Celles-ci sont de deux sortes, les unes viennent de Dieu et les autres du démon..... Or, les effets dont il s'agit ne peuvent venir de Dieu, et le démon *paraît* en être l'auteur ; ce que nous démontrerons : 1° par les noms et les œuvres des principaux opérateurs ; 2° par les moyens dont on se sert pour produire ces effets ; 3° par ces effets mêmes, dont quelques-uns décèlent l'origine d'où ils sortent. »

Voilà donc tout le dessein de la brochure. Entrons dans les développemens.

L'anonyme croit aux effets du magnétisme, parce qu'il les voit. Mais, parce

qu'il les voit sans les comprendre (et personne ne les comprend, si ce n'est à l'aide
d'hypothèses plus ou moins plausibles,
mais qui jamais n'opèrent l'effet d'une démonstration rigoureuse, et il en est de
même en physique), il conclut que ces
effets ne sont explicables, ni par les causes naturelles, ni par les causes physiques.
Je dis : *il conclut,* et non pas : *il prouve ;* car
tout ce qu'il dit à ce sujet se réduit à ceci :

« 1° Ces effets n'appartiennent pas à
l'ordre naturel, puisqu'on n'emploie, pour
les produire, aucun des moyens qu'offre la
nature ; 2° ils n'appartiennent pas non
plus à la physique, car rien de physique
ne les produit ; puisqu'on ne peut, sans
déraisonner, les attribuer aux agens que
l'on emploie, tels que les baquets, les
gestes, etc.'»

Reprenons ces prétendues preuves, qui
ne sont que de fausses assertions et de
vraies pétitions de principes.

L'anonyme aurait pu ne pas séparer les
causes physiques d'avec les causes naturelles, puisque les causes physiques sont
toutes naturelles. Mais il a pu néanmoins
séparer les unes des autres, puisque les

causes naturelles ne sont pas toutes physiques. Ainsi, la volonté, par exemple, est
bien une cause naturelle; mais elle n'est pas
une cause physique. Nous suivrons donc
la distinction de l'anonyme, comme pouvant être fondée en raison.

Que dit-il en premier lieu? Que *les effets
du magnétisme et du somnambulisme n'ont
aucune cause naturelle.* Et pourquoi ? *Parce qu'on n'emploie, pour produire ces effets,
aucun des moyens qu'offre la nature.*

Mais c'est là précisément ce qui est en
question ; et l'auteur décide affirmative-
ment ce qui peut très bien être décidé né-
gativement. Son assertion n'est aucunement motivée; l'assertion contraire l'a été
d'une manière très-satisfaisante, dans nombre de bons ouvrages : c'est ce dont l'anonyme ne paraît pas seulement se douter.
Et voilà pourtant comme on raisonne sans
savoir, et comment l'on croit réfuter !

*Les effets dont il s'agit n'ont aucune
cause naturelle*, dit-on, *puisqu'on n'emploie, pour les produire, aucun des moyens
qu'offre la nature !* Et moi, je dis que ces
effets ont une cause naturelle, puisqu'on
emploie, pour les produire, des moyens

qu'offre la nature. Et quels sont ces moyens ? La volonté chez le magnétiseur : la vision instinctive chez le somnambule.

L'anonyme ignore-t-il ces moyens ? mais alors il est inexcusable de parler sur une matière dont il ignore les premiers élémens. Les connaît - il, au contraire, ces moyens ? Mais alors il devait donc les indiquer ici, à moins cependant qu'il ne les regardât pas comme naturels. Mais un pareil doute serait-il fondé ? La volonté, par exemple, pourrait-il nier qu'elle est un moyen naturel ? Et, quant à la vision instinctive, ne lui démontrerait-on pas invisiblement qu'elle en est un aussi ? Niera-t-il enfin que ces moyens soient les agens des effets dont il s'agit ? Mais ne serait-ce pas aller contre l'expérience, laquelle apprend, et que le magnétiseur n'opère que parce qu'il veut, et que le somnambule ne juge que parce qu'il voit ?

L'anonyme se trouve donc ainsi pressé de toutes parts ; et cela, pour avoir préjugé lorsqu'il s'agissait de juger, et avoir donné des assertions pour des preuves.

Mais que dit-il en second lieu ? *Que les effets du magnétisme et du somnambulisme*

n'ont aucune cause physique. Et pourquoi ?
*Parce que rien de vraiment physique ne les
produit.* N'est-ce pas dire qu'ils n'ont aucune
cause physique, parce qu'ils n'ont aucune
cause physique ? et ne voilà-t-il pas une belle
manière d'argumenter ?

On se moque des baquets, des gestes et
autres moyens physiques. La méthode, sans
doute, est commode, expéditive, et dis-
pense de raisonner. Mais si ces moyens
sont employés pour la production des effets
magnétiques, on sait, depuis long-temps,
que ce n'est que comme cause occasionnelle, et non point comme cause essentielle. Peut-être même ne sont-ce que de
simples signes, qui, fixant l'attention,
l'empêchent de s'égarer. Mais ces signes
tous seuls, et indépendamment de la volonté, ne développent pas, dans l'individu
sur lequel on agit, la vertu du magnétisme ;
pas plus que des lettres toutes seules, et
indépendamment de l'entendement, ne développent, dans l'individu pour lequel on
écrit, l'économie d'un discours.

Quel que soit donc l'emploi de ces moyens
physiques dans le magnétisme, l'ignorance
seule peut n'y trouver que du charlatanisme.

Et cette opinion même est une sorte de contradiction de la part de ceux qui croient les *faits*, ou du moins disent les croire. Car il est de *fait* que les signes dont on se sert pour magnétiser y aident beaucoup , ne fût-ce que comme fixant les idées à un seul objet : c'est ce qu'apprend l'expérience ; l'expérience, qu'il n'est jamais permis de révoquer en doute, lors même qu'elle manifeste des phénomènes qui paraissent inexplicables.

Nous pouvons donc, d'après tout ce qui précède, tirer la conclusion suivante :

L'anonyme n'est point fondé à dire que les effets du magnétisme et du somnambulisme n'ont aucune cause naturelle, ni aucune cause physique.

Et de là nous tirerons cette autre conclusion : l'anonyme n'est donc pas fondé à dire que le magnétisme et le somnambulisme n'ayant aucune cause naturelle ou physique, il faut leur supposer une cause surnaturelle.

Mais je ferai ici une observation importante. On est porté volontiers, d'un côté, à regarder comme surnaturel tout ce qu'on croit inexplicable, et de l'autre, à regarder comme naturel tout ce dont les sens et la conscience nous rendent habituellement témoignage : et cependant ces deux ordres de faits peuvent être également naturels, comme rentrant dans les lois de la nature, quoiqu'également mystérieux, comme étant inexplicables pour nous. Donnons un exemple de chaque espèce.

Mon ame agit sur mon corps, en faisant mouvoir mon bras à l'ordre de ma volonté. C'est là, sans doute, une chose mystérieuse, puisqu'on ne comprendra jamais comment mon ame peut agir sur mon corps. Mais c'est cependant une chose naturelle, puisque l'expérience nous apprend que c'est une loi de la nature. Il est vrai que les sens et la conscience nous en rendent si habituellement témoignage, que toute idée de mystère disparaît ici quand on n'y réfléchit pas.

Voilà pour les faits de la seconde espèce; voici pour ceux de la première :

Mon ame agit sur votre corps par le magnétisme, en y produisant un effet quelconque à l'aide de ma volonté. C'est là, sans doute, une chose mystérieuse, puisqu'on ne comprendra jamais comment mon ame peut agir sur votre corps. Mais c'est cependant une chose naturelle, puisque l'expérience aussi nous apprend que c'est une loi de la nature. Il est vrai que les sens et la conscience ne nous en rendent pas habituellement témoignage; ce qui nous porte à croire que c'est une chose surnaturelle, parce qu'elle paraît inexplicable. Mais elle est nécessairement naturelle, si elle est une loi de la nature : et elle est nécessairement une loi de la nature, si les mêmes moyens naturels la produisent constamment dans les mêmes circonstances. Or c'est ce que prouve l'expérience.

Objectera-t-on qu'une loi est surnaturelle quand elle déroge aux lois naturelles; et qu'ainsi, par exemple, voir par les yeux étant une loi naturelle, voir par le creux de l'estomac doit donc être une loi surnaturelle?

J'accorde bien le principe; mais, venant à l'application, je distingue. Voir par les yeux est une loi naturelle; oui et non, cela dépend. Voir par les yeux est une loi naturelle pour les personnes éveillées, qui voient; je l'accorde. Voir par les yeux est une loi naturelle pour les personnes endormies, lorsqu'elles voient; je le nie. Car, de même que l'expérience m'apprend que voir par les yeux est une loi naturelle pour les personnes éveillées, qui voient; de même aussi l'expérience m'apprend que, voir par le creux de l'estomac est une loi naturelle pour les personnes endormies, lorsqu'elles voient. Que si c'est une loi naturelle, ce n'est donc pas une loi surnaturelle, ainsi qu'on le prétend; et l'objection est détruite.

Disons donc encore une fois que l'anonyme a fort mal raisonné lorsqu'il a cru qu'il fallait recourir à une cause surnaturelle pour rendre raison des phénomènes du magnétisme et du somnambulisme.

Mais supposons qu'il faille en effet, et c'est sans doute accorder à l'anonyme tout ce qu'il peut désirer, supposons, dis-je, qu'il faille ici recourir à une cause surnaturelle, et voyons, pour trancher le mot, si cette cause sera Dieu ou le diable.

L'anonyme se décide pour le dernier, et, sans doute, il a ses raisons : il est juste de les examiner. Il croit donc voir le diable: 1° dans les noms et les œuvres des principaux opérateurs; 2° dans les moyens dont on se sert pour produire les effets; 3° dans ces effets mêmes, dont quelques-uns décèlent l'origine d'où ils sortent.

Reprenons ces trois divisions, et tâchons de suivre notre auteur.

§ 1.

D'abord examinons *les noms et les œuvres* des principaux opérateurs, et voyons s'ils prouvent que leurs opérations magnétiques aient le diable pour auteur.

Mesmer, dit-on (*p.* 9), *est le premier qui a paru parmi nous pour nous révéler cette nouvelle découverte* (du magnétisme). Or, il est clair que ce *charlatan* est en rapport avec le démon , et voici comment le prouve l'anonyme (*ibid*) :

Je ne lui attribue pas cette invention : (Que faites-vous donc ?) *je ne le regarde que comme l'instrument de l'esprit infernal qui la lui a suggérée :* (Où est la preuve?) *cet empirique , après s'être promené dans diverses parties de l'Allemagne , vint fixer dans Paris le siége de sa dangereuse mission.* (Après.) *A-t-il existé avant lui un plus ancien suppôt du démon, qui lui a communiqué ses secrets et ses pouvoirs? la chose est possible, mais peu nous importe de le savoir ou de l'ignorer.* (Ce n'est plus la question.)

Tout cela serait très-bon , si l'anonyme.
avait prouvé , au préalable , que ce *charla-*
tan, cet *empirique* est en outre *un instrument*
de l'esprit infernal, un suppôt du démon ,
qui lui a communiqué ses secrets et ses pou-
voirs. Mais il n'a pas seulement songé à le
prouver , et il ne l'essayera même pas : il
dira seulement que *Mesmer, Cagliostro ,*
Waishaupt et compagnie sont des *aventu-*
riers qui ont paru *à la même époque,* et
qui faisaient *cause commune sous le rap-*
port de l'incrédulité et de l'irréligion; de
là il prendra occasion de les regarder tous
comme des *suppôts du démon,* et de con-
fondre ensemble le magnétisme, l'athéïsme,
l'illuminisme, qui par eux - mêmes n'ont
aucun rapport : et voilà pourtant ce qu'il
appellera démontrer.

Mais je me trompe ; et voici une preuve
péremptoire que Mesmer est un *démono-*
lâtre. Ouvrez l'anonyme, pages 9, 10 et 11.

Il parut, en 1787, une thèse latine dans
laquelle on mit en proposition que Jesus-
Christ n'avait opéré ses miracles que par
la vertu magnétique. (La belle preuve !)
Cette thèse a été imprimée, je l'ai vue. (Soit.)
Elle a été composée sous les yeux de Mes-

mer. (Qu'en sait-on ?) *Peut-être en fut-il lui-même, sinon le compositeur, au moins l'instigateur.* (Pourquoi ces réticences : *peut-être, sinon, au moins.* Que signifient-elles ?) *Du moins il est impossible de disconvenir qu'elle n'a dû son origine qu'aux effets de son art.* (Donc apparemment il faut l'en rendre responsable ! c'est bien aussi ce qu'on va faire.) *Ce seul fait nous donne plus qu'une présomption, que cet art ne peut être qu'une invention du démon, imaginée pour contrefaire les miracles de Jésus-Christ, en décréditer le merveilleux, en anéantir l'autorité.* Mais quoi ! n'est-ce pas aller bien vîte en besogne ? n'importe, c'est là ce qu'on appelle démontrer.

En voilà assez sur le maître : venons à ses disciples ; et consultons toujours l'anonyme, qui toujours, au bout de la lunette, nous fera trouver le diable.

Ce sont, dit-il (*pages* 11 et 12), *des somnambules, espèces de dormeurs particuliers,* (Soit.) *des endormis* (D'accord.) *qui se trouvent investis du secret des devins,* (On ne devine pas quand on voit.) *de la science des prophêtes,* (On ne prophétise pas quand on voit.) *de la connaissance des*

2

maladies , (Oui sans doute.) *du discernement des médecins ,* (Quelquefois.) *toutes
merveilles inexplicables à l'intelligence
humaine , par les causes naturelles et physiques,* (Toutes merveilles explicables à l'intelligence humaine , par des hypothèses
plausibles.) *mais dont le principe se trouve
facilement dans le pouvoir du démon , pour
peu qu'on veuille l'y apercevoir.* (Si le principe de ces merveilles se trouve dans le
pouvoir du démon, que ne le démontre-t-
on une bonne fois ?)

Mais quoi ! pour reconnaître, dans ces
effets, le pouvoir du démon, il faut, dit-on,
vouloir l'y apercevoir. Oh ! pour le coup,
d'autres pourront trouver ici une démonstration : pour moi, je n'y trouve qu'une
niaiserie toute gratuite.

Au surplus, l'anonyme s'égare de plus
en plus , et tombe , il faut bien le dire, dans
les plus lourdes bévues. Qu'il parle du
magnétisme comme d'une *secte* (p. 13),
ce n'est rien que cette méprise. Que, dans
cette *secte,* il suppose qu'il y a et des *initiés*
et des *adeptes* de différentes classes (*ibid*),
c'est peu de chose encore , et dom Qui-
chotte créait des fantômes pour les com-

battre. Mais que, sur la foi de *quelques
adeptes convertis,* et qu'il ne nomme point,
il avance, comme un fait *certain* (ibid.)
qu'*un initié, pour être jugé digne d'être
adepte de première classe, doit avoir ab-
juré solennellement toute foi dans la divinité de Jésus-Christ, et professé le mépris
le plus décisif pour sa personne, en foulant
aux pieds le signe du supplice dont il est
mort, autrement dit le crucifix;* voilà qui
est plus sérieux, et sur quoi l'anonyme va
être pris dans ses propres filets.

Car, s'il est ainsi, la cause est finie, et la
victoire est à lui. Mais alors fallait-il s'amu-
ser à composer une brochure insignifiante,
et dans laquelle, en gardant prudemment
l'anonyme, on se permet une imputation
odieuse et gratuite sur le compte d'une société toute entière (si toutefois on peut
donner ce nom de *société* à des individus
isolés, dispersés, différant les uns des autres sur la théorie, et n'ayant de commun
qu'un seul principe, savoir qu'on peut
soulager ou guérir par les procédés du magnétisme)? Une imputation de cette nature suffisait-elle? non sans doute : il fallait
nommer les dénonciateurs; puis, après

avoir remonté à la source et constaté le fait, le révéler au public, en en administrant les preuves, et en se nommant soi-même.

Mais qu'aurait à faire aujourd'hui, si elle était réunie, si elle pouvait l'être, une société attaquée (1) publiquement par un auteur qui se cache? S'adresser à l'imprimeur du libelle, pour découvrir l'anonyme; à cet anonyme, pour découvrir les adeptes convertis qui lui ont fait de si belles révélations; à ces adeptes, pour remonter, de proche en proche, jusqu'à la source : et, si le fait est faux, ce qui ne peut manquer d'arriver, poursuivre l'anonyme, comme étant un infâme calomniateur, ou tout au moins le faire enfermer, comme étant un fou dangereux.

Quoi ! cet homme a, par devers lui, des preuves irrécusables de l'impiété et de l'in-

_____

(1) Il en existe une partielle aujourd'hui; mais ceux qui en sont membres ne sont pas plus que ceux qui ne le sont pas; ils ne se réunissent que pour se communiquer les phénomèes, s'aider à faire du bien; et ils n'ont pas plus de caractère pour agir que ceux qui sont étrangers à leurs réunions, et dispersés sur tous les points de l'Europe. Cette société, au surplus, n'existait pas lorsque l'*homme du monde* a publié sa brochure.

famie de la *secte* des magnétiseurs et des somnambules ; des preuves qui les convainquent d'être les ennemis de J. C., et les suppôts du démon : et, au lieu d'administrer de pareilles preuves, qui eussent accablé ses adversaires, il se contente d'une allégation vague, destituée de fondement, qui dès-lors ne peut passer que pour une calomnie ; et il s'amuse niaisement à composer une misérable brochure, dans laquelle, avec des suppositions gratuites, et des pétitions de principe, il parvient, je ne sais comment, à établir que les magnétiseurs et les somnambules *pourraient* bien être en rapport avec le diable ! et c'est ainsi qu'il croit *dévoiler les mystères* de la secte, lorsqu'en effet il les tient *voilés* sous des raisonnemens qui ne font que rendre problématiques, ce que les preuves de fait eussent rendu évident !

Mais il n'y a pas de milieu : ou cet homme a avancé des faits en l'air ; et alors, c'est, comme je l'ai déjà dit, un calomniateur ou un fou : ou bien il pouvait en administrer la preuve ; et alors, c'est un auteur d'une maladresse inconcevable, puisqu'au lieu d'établir, par des faits sans réplique, que cette *secte* avait le diable pour auteur, il se contente d'établir, par des raisonnemens sans consistance, que *cela pourrait bien être*.

La charité me presse néanmoins d'expliquer la conduite de cet auteur, d'une manière qui lui soit moins désavantageuse. Il aura rencontré un fou, étranger au magnétisme, qui lui aura dit que les magnétiseurs, pour arriver au premier grade, étaient obligés de renier Jésus - Christ : et notre anonyme, plein de zèle, et déjà prévenu contre la *secte*, aura, avec sa légèreté ordinaire, adopté une imputation également absurde et révoltante. C'est la supposition la plus favorable que je puisse faire pour cet auteur.

Mais en revanche, il sera bien obligé de m'accorder que ce n'est là qu'un fait isolé, et duquel, en bonne logique, on ne peut rien conclure. Il serait donc un peu honteux, si je lui remettais sous les yeux la conclusion qu'il en a tirée, et que voici :

(*P.* 15.) « D'après cela, il paraît démontré, j'oserais presque dire jusqu'à l'évidence, que les effets surprenans qu'opèrent les artistes dont est ici question, provien-

nent d'une cause surnaturelle, laquelle, ne
pouvant avoir Dieu pour auteur, ne peut
avoir d'autre origine que la suggestion du
démon. »

Remarquez cependant que, toujours fi-
dèle à ses principes, et je dirais volontiers :
dirigé par un sentiment de pudeur, l'anonyme emploie toujours, et très-prudem-
ment, des expressions réservées, comme
un homme qui n'est pas bien sûr de son
fait, qui sent la faiblesse de ses preuves,
qui craint qu'on ne l'accuse de tirer trop
lestement ses conclusions, et qui cependant a grande envie de persuader et de
convaincre, et espère bien y parvenir auprès de ceux qui ne seront pas plus diffi-
ciles en preuves que lui-même. Ainsi, dans
le passage qui précède, on dit : *Il paraît
démontré,* mais non pas : *Il est démontré.*
Et ensuite, pour fortifier l'insinuation, on
ajoute, non pas : *jusqu'à l'évidence,* mais :
j'oserais presque dire jusqu'à l'évidence.
Nous avouerons que toutes ces précautions
doivent singulièrement satisfaire un bon
esprit.

Mais revenons, un moment, aux disciples de *Mesmer.* L'anonyme n'en parle qu'*in*

globo, et les enveloppe en masse, du moins les principaux, dans l'accusation d'impiété, d'irréligion, de haine contre Jésus-Christ. Cependant la bonne foi et la vérité l'obligent de convenir que, dans le nombre des disciples, il en est beaucoup qui doivent être exceptés de l'anathème. Mais loin que cette objection l'arrête, il sait la tourner en preuve en sa faveur. *C'est*, dit-il (*p.* 14), *une nouvelle adresse du démon.* Voilà ce qui s'appelle tirer parti de tout ; et cette fois, du moins, l'auteur n'est pas si maladroit.

Au surplus, s'il est permis de médire du démon, dont sans doute on ne saurait dire trop de mal, est il permis de calomnier les hommes, et sur-tout des hommes qui, dans leurs écrits en faveur du magnétisme, *se sont bornés*, dit l'anonyme (*p.* 12), *au narré des faits, sans faire des réflexions anti-religieuses?* Cependant il ose ajouter : *Ceci est une nouvelle ruse des défenseurs :* et par-là, il attaque sans ménagement, comme sans preuves, ou plutôt malgré toutes les preuves contraires, des hommes de tout rang, de tout état, généralement connus, estimés, respectés par leur probité, leur moralité, leurs lumières ! Quel est donc ce particulier, qui ose juger des hommes de ce caractère , sonder leurs intentions secrètes, scruter leurs pensées , et qui , en se montrant religieux , viole cependant la première loi de la religion , la charité?

§ II.

Examinons maintenant les *moyens* dont se servent les opérateurs ; et voyons si nous y trouverons encore le diable.

Il est aisé de découvrir que l'anonyme connaît assez mal tout ce qui regarde le magnétisme, et ne s'exprime guère mieux à ce sujet. Mais je ne le chicanerai point sur la forme ; et , quant au fonds , je lui passerai encore les erreurs qui sont indifférentes à son objet principal , celui d'établir une relation entre les magnétiseurs et le diable.

Les moyens dont ils se servent sont, suivant lui, le *rapport*, la *foi*, le *sujet* et (si l'on veut) les *gestes*. Cette division n'est ni juste en elle - même , ni d'ailleurs exactement exprimée. Je l'admets néanmoins, et je me borne à examiner si chacun de ces moyens indique le diable.

Dans le *rapport*, qui est le premier moyen, l'anonyme ne voit qu'un mot magique, qui communique un pouvoir mystérieux, sous un signe sensible, tel que l'attouchement.

Ici, je prête à l'anonyme plus de suite qu'il n'en a ; car, si je voulais être malin, je le représenterais, disant dans la même page (*p.* 14), et dans le même alinéa, que le rapport est un attouchement, et que le rapport est un pouvoir ; ce qui est évidemment contradictoire : mais j'ai mieux aimé tâcher de l'accorder avec lui-même, s'il est possible.

Quoiqu'il en soit, le rapport dont il s'agit a, suivant l'anonyme (*p.* 15), une origine diabolique ; *soit d'après la nature des effets surprenans et inexplicables* (ce qui ramène à la troisième division de l'auteur), *soit d'après les principes irréligieux des opérateurs* (ce qui ramène à la première) : en sorte qu'ayant déjà parlé des principes des opérateurs, et devant parler plus loin des effets qu'ils produisent, je pourrais me dispenser d'en dire ici davantage sur le rapport. J'observerai cependant que c'est fort mal à propos que l'anonyme en fait une espèce de sacrement du démon, et un moyen d'en communiquer l'esprit, après l'avoir reçu soi-même.

Que signifient ces expressions (*p*. 14 et suiv.), que, pour magnétiser, il faut avoir reçu le rapport et ensuite le rendre? Où l'anonyme a-t-il trouvé ces mêmes expressions? Quel ouvrage ou quel initié les lui ont apprises ? Il n'entend pas même le mot *rapport* dans le sens où le prennent les magnétiseurs : il ignore que, se mettre en rapport, ce n'est ni le recevoir ni le donner. Plaisante manière de *dévoiler les mystères*, que d'en parler sans en rien connaître !

Sur la *foi*, second moyen indiqué par l'anonyme, et j'observerai qu'il le transporte, très-mal à propos, du magnétiseur au magnétisé, prouvant par-là qu'il n'a nulle espèce de connaissance de la matière dont il parle. Et cette petite méprise est d'autant plus fâcheuse pour lui, qu'elle anéantit une des impiétés dont il aime à charger le magnétisme. « Les magnétiseurs, dit-il (*p*. 20), supposent la foi dans le sujet qui se présente devant eux ; et si le succès ne répond pas à leurs tentatives, ils répli-

quent sérieusement, qu'apparemment cette
personne n'avait pas la foi. Qui pourrait
méconnaitre ici la parodie impie des œuvres du sauveur des hommes ! » Homme
de Dieu, calmez vous, et rayez au moins
cette impiété du nombre de celles que vous
attribuez si librement au parti.

Rayez encore les déclamations aussi
absurdes qu'injurieuses, où vous em-
porte votre zèle ; et sur - tout ne supposez pas perpétuellement ce qui est en
question, comme dans le passage suivant
(*pag.* 21) :

« Dans les œuvres de Jésus-Christ, tout
était divin et adorable ; dans celles de ses
faux imitateurs , tout paraît infernal et
odieux ; car l'opérateur agit en dérision des
miracles du vrai Dieu, d'après un projet
diabolique de décréditer la divinité de Jésus-Christ , en faisant un abus blasphéma-
toire des moyens et des expressions les
plus sacrés, et en vertu d'un rapport mystérieux , dont le pouvoir ne peut venir que
du prince des enfers. Il est donc démontré
que les effets qui résultent d'un semblable
moyen sont une œuvre pour laquelle toute
ame chrétienne doit avoir non-seulement

de l'éloignement , mais même de l'horreur ,
comme d'un péché mortel. »

Le moindre défaut de ce passage est de
n'être pas à sa place. Il fallait le mettre à
la péroraison , où il aurait du moins rap-
pelé les principes des opérateurs, les moyens
qu'ils emploient, et les effets qu'ils produisent ; tandis qu'étant placé comme il l'est,
à l'article des moyens , il est hors-d'œuvre,
et manque son effet. On voit que l'auteur ,
en traitant un sujet , n'a pas le secret de la
disposition des parties; et je pourrais en
citer plusieurs autres exemples : mais cela
ne fait rien à mon objet.

Ce qui y fait, c'est le défaut total de
logique , c'est l'absence complète de raisonnement, qui carastérisent le passage
qu'on vient de transcrire. *Tout paraît infernal et odieux !* Ce n'est point assez dire,
s'il est vrai que *l'opérateur agit en dérision
des miracles du vrai Dieu , d'après un
projet diabolique de décréditer la divinité
de Jésus-Christ , en faisant un abus blas-
phèmatoire des expressions les plus sacrées,
et en vertu d'un rapport mystérieux dont
le pouvoir ne peut venir que du prince
des ténèbres.* Mais, on le demande , où a-t-

il pris tout cela ? et y a-t-il ombre de preuve dans une seule de ces imputations ?

Que dire après cela de la conclusion ? *Il est donc démontré que les effets qui résultent d'un semblable moyen sont une œuvre pour laquelle toute ame vraiment chrétienne doit avoir, non - seulement de l'éloignement, mais même de l'horreur, comme d'un péché mortel?* On voit qu'enhardi par ses déclamations, l'anonyme abandonne enfin les précautions de la prudence, dont il avait cru avoir besoin, quand il disait : *Il paraît, il paraîtrait démontré, j'ose dire.* Non, ce n'est plus cela : le temps des précautions est passé. A présent, il se croit assez fort, et il dit nettement : *Il est donc démontré ;* quoiqu'il n'ait cependant rien démontré.

Tout son raisonnement se réduit à ceci : *Il paraît que l'œuvre du magnétisme est infernale. Car cette œuvre est véritablement infernale. Donc il est démontré qu'elle est infernale.* Mais, parce que ce raisonnement est si absurde, qu'on pourrait croire que je le prête gratuitement à mon adversaire, je supplie le lecteur de relire encore le passage ci-dessus de l'anonyme (*p.* 21);

et je le laisse à juger si ce passage ne se réduit pas, en dernière analyse, au résumé que j'en présente ici. Que si le *charitable lecteur* suppose que les preuves se trouvent répandues ailleurs dans le corps de l'ouvrage, et que je les ai supprimées ici pour avoir meilleur marché de l'anonyme ; je ne puis mieux faire que de renvoyer à son ouvrage ; et s'il s'y trouve une seule preuve que j'aie ou omise ou affaiblie, je passe condamnation.

Dire que *toute ame chrétienne doit avoir pour l'œuvre du magnétisme, non - seulement de l'éloignement, mais même de l'horreur, comme d'un péché mortel*, et cela, sans en avoir apporté aucune preuve, n'est-ce pas calomnier avec indignité, et par-là justifier l'adage du satyrique français : *Tant de fiel entre-t-il dans l'ame des dévôts !* Je dis plus, n'est-ce pas encore ouvrir la porte au plus furieux fanatisme ? car enfin, le fanatisme est-il autre chose qu'un zèle aveugle pour la religion, qu'une passion qui rend capable de faire commettre un crime par motif de religion ? Or, n'est-ce point un zèle aveugle prour la religion, qui fait avoir *de l'éloignement, et*

même de l'horreur, comme d'un péché mor-
tel, pour une pratique innocente, que, sans
motifs raisonnables , on voit criminelle et
contraire à la religion ? et n'est-ce point
une passion qui rend capable de commettre
un crime par motif de religion , que celle
qui fait calomnier une pratique innocente,
en cherchant à en inspirer *de l'éloignement*
et même de l'horreur , comme pour un pé-
ché mortel , parce que, dans son zèle aveugle, on la croit contraire à la religion ?

Comme l'impiété a étrangement abusé
du fanatisme contre la religion, la raison
doit sans doute prendre un autre langage.
Mais il doit lui être permis d'observer que
le fanatisme , loin de servir la religion , ne
peut que lui nuire ; et que le fanatique , s'il
peut être excusable, par le zèle qui l'anime,
est toujours inexcusable , par l'ignorance
et l'aveuglement qui le conduisent.

Venons à ce que l'anonyme appelle le
troisième moyen : c'est le *sujet;* et il serait
plus exact de dire : *la qualité du sujet.* Il
s'agit ici de l'individu soumis au magnétisme ; et il faut , dit l'anonyme , que ce
sujet soit *susceptible de guérison.* Cette
condition paraît sans doute très-raisonna-

ble : et, si les magnétiseurs ne l'eussent pas
prescrite, on n'aurait pas manqué de crier
qu'ils se croyaient donc assez puissans
dans leur art pour guérir toutes les maladies. Cependant, parce qu'ils n'ont pas eu
cette prétention insensée, on leur en fait
un reproche : on plaisante sur ce point,
et l'on dit agréablement (*p.* 21) : *Lorsque*
l'effet n'a pas répondu aux efforts de l'a-
depte, celui-ci proclame aussitôt sa justi-
fication en disant gravement : Cette per-
sonne n'était pas un sujet.

Ainsi, quelque parti que prennent les
partisans du magnétisme, on voit qu'ils ne
peuveent échapper à la censure de l'*homme*
du monde et de ceux qui raisonnent comme
lui, tant il est plus aisé de critiquer sans
mesure que de juger avec discernement !

Ceci me rappelle une petite anecdote qui
reposera un moment l'attention. Le célèbre
Court de Gébelin dut au magnétisme la
prolongation de sa vie. Quand, par cet art,
il fut guéri de ses longues souffrances : *Bon!*
dirent les incrédules, *cet homme n'a jamais*
été malade. Mais quand, malgré cet art,
il succomba au bout de six mois : *Vous*
voyez bien, dirent-ils, *que cet homme n'a*

jamais été guéri. Ainsi raisonne l'esprit de parti : et il n'y a rien à lui répondre ; car il sait toujours vous échapper, et il emploierait au besoin le ridicule et la calomnie plutôt que de rester court.

C'est précisément ce que fait l'anonyme, lorsqu'il suppose (*p.* 22) que *les sujets qui conviennent aux magnétiseurs sont, par-dessus tout, les personnes disposées à la mélancolie, aux vapeurs, aux fureurs hystériques, il dirait presque à la folie ;* (Voilà pour le ridicule.) et lorsqu'il ajoute (*p.* 23) : Qu'*il faut encore avoir une constitution morale tendante à l'incrédulité religieuse, si l'on n'est pas tout à fait incrédule.* (Voilà pour la calomnie.)

Quant à ce qui suit (*p.* 23 *encore*), et je prie le lecteur d'y faire attention : *S'il est des effets insignifians pour le sujet, lorsqu'il est du genre masculin, ils n'ont pas le même caractère, lorsque c'est une femme, sur-tout quand elle a quelques charmes qui peuvent flatter les yeux de l'adepte :* quant à cette réflexion, dis-je, qui, par parenthèse, ne devrait être faite qu'à l'article des effets et non à celui des moyens, c'est encore, en la prenant, dans sa généralité , une infâme calomnie ; et , en la particularisant , ce n'est plus qu'un fait isolé , qui dès-lors ne prouve rien contre la chose dont on a abusé.

Que dira l'anonyme du dernier moyen dont il parle ; savoir : les *gestes,* et tout ce qui s'y rapporte ? Il n'y voit (*p.* 24) que des *farces de tréteaux ,* (Soit.) *qu'ils veulent nous donner comme cause productive des effets qu'ils obtiennent ;* (Non , mais seulement comme cause occasionnelle.) *de véritables jongleries ,* (Elles ne font de mal à personne.) *qui voilent les mystérieuses ténèbres dont ils s'enveloppent.* (Tout n'est-il pas mystère pour qui réfléchit ?) Cependant il veut bien consentir à regarder ces gestes comme des moyens , mais qui , *ne pouvant être la cause première des effets , peuvent être , si l'on veut , des moyens secondaires suggérés par le démon.* L'auteur, comme l'on voit , revient sans cesse à sa marotte ; mais , pour moi , je ne puis me répéter sans cesse. Je lui dirai seulement : Ne supposez pas ce qui est à prouver : prouvez-le, ou brisez votre plume.

§ III.

Nous voici enfin arrivés aux *effets* : et, sous ce titre, l'*homme du monde*, qui, dans cette partie de son ouvrage, mérite éminemment une qualification qu'il se donne lui-même, nous racontera de petites histoires, vraies ou fausses, mais qu'il nous *garantit* pour véritables, sans néanmoins nous en offrir aucune *garantie ;* des anecdotes, qu'on s'attend bien être tirées en partie de la chronique scandaleuse, et qui du moins seront divertissantes, si elles ne sont pas probantes; des faits isolés, particuliers, et dont, comme à son ordinaire, il ne manquera pas de tirer des conclusions générales, non moins divertissantes que ses historiettes.

La première aventure, est celle d'un jeune homme *de la bonne société* (p. 25). Il se présente à *des adeptes célèbres* qui connaissaient *sa foi magnétique et son incrédulité religieuse :* petite antithèse qui a du brillant, bien que l'auteur l'ait présentée de manière qu'on ne peut guère le soupçonner d'avoir visé à l'effet. *Réduit au régime le plus austère*, *il ne vivait que par combinaison.* Oh ! pour le coup, voilà qui vise à l'effet ; et l'*homme du monde* montre ici un peu de prétention. *Il ne vivait que par combinaison!* J'ose dire que cela est joli ; et mon lecteur me saura gré sans doute de lui avoir donné un échantillon du style de l'anonyme, lorsqu'il s'abandonne à cette familiarité noble, à cet aimable enjouement d'un *homme du monde*, et sur-tout d'un homme *de la bonne société.*

Ce début promet : quel dommage que la suite n'y réponde pas ! Mais voyons. On s'aperçut sans doute que le malade était à une diète trop austère, et l'on commença par *exiger* qu'il fît *un bon dîner,* dans lequel *il fut fortement muni de tout ce qu'il avait trouvé de plus délicat en solides et en liquides.* Je doute que ce tour soit très-délicat. Mais enfin, au fait. Le fait est qu'après dîner, le malade, bien bourré, *comparut* devant celui qui devait l'opérer. Qu'en advint-il ? Ceci ne ressemble pas mal au *Nascetur ridiculus mus.* Le magnétisé éprouva bien quelques effets singuliers, mais ne fut point guéri, et ressentit pendant plusieurs jours *les désagrémens d'une plénitude d'estomac.*

« Mais qu'en sort-il souvent ?
« Du vent. »

Voilà sans doute une aventure bien concluante ! Oui, sans doute. Et qu'on ne pense pas qu'elle soit sans objet : l'auteur est trop bien avisé, pour qu'on ne lui suppose pas ici un but ; et ce but est évidemment de prouver, par les faits, que le magnétisme est impuissant pour guérir.

La seconde aventure est celle d'*une jeune femme (p. 26), bon sujet de magnétisme, et qui, prévenue du costume qu'elle devait avoir pour le succès de l'opération, arrive, la gorge découverte jusqu'à la ceinture.* (Je demande pardon de présenter une image aussi obscène, mais je suis obligé de citer textuellement.)... *L'opérateur se met en action, travaille le fluide, qui, fortement agité, s'incorpore : la dame tombe en syncope, et j'ignore la suite de l'évènement.* Tout cela, sans doute, est très-joli, très-piquant ; tout cela peut être ; et tout cela serait, que tout cela ne prouverait rien, sinon qu'on peut abuser du magnétisme, comme on peut abuser de tout. Mais d'ail-

leurs, qui me dira que ce ne sont pas là des
contes imaginés pour décréditer le magnétisme ?

Dans le commencement du christianisme, n'en faisait-on pas aussi pour le
décréditer ? Des auteurs, dénués de critiques, comme l'anonyme, ne disaient-ils
pas, et de la meilleure foi du monde, que
les chrétiens, dans leurs assemblées secrètes,
immolaient des petits enfans, et commet-
taient d'autres horreurs ? Comme lui, ne
réclamaient-ils pas, et au nom de la vérité,
la foi pour les faits qu'ils racontaient ? O
pitié !

Quoiqu'il en soit, l'aventure de la jeune
femme, dont *la gorge est découverte....*
(la décence m'empêche d'achever le ta-
bleau), a sans doute pour objet de prouver
que le magnétisme est contre les bonnes
mœurs. Et qui pourrait résister à une preuve
de cette force ? car elle se réduit à ceci : On
peut *accidentellement* abuser du magnétisme : donc le magnétisme est *essentiellement* mauvais. Et il faut répondre à de
pareilles niaiseries ! et elles séduisent encore de bons esprits ! Que ne peuvent la
préoccupation, le préjugé, l'irréflexion !

La troisième aventure est celle d'*une femme de qualité* (*p.* 27) ; (Et puisque c'est une *femme de qualité*, on sent qu'il n'y a rien à dire, sinon que l'anonyme est en *rapport* avec ce qu'il y a de *qualité dans la bonne société.*) d'*une femme de qualité*, dis-je, laquelle, au moyen d'un crucifix, caché dans sa main, et qu'elle invoquait dans le moment où elle éprouvait les effets du magnétisme, parvint, et à plusieurs reprises, à les arrêter subitement, de manière à déconcerter l'opérateur, qui lui avoua s'être aperçu de l'interruption de leur rapport, et qui, sur l'aveu qui lui fut fait du talisman employé pour faire cesser le charme, la quitta entièrement.

Sur quoi l'anonyme ne manque pas d'observer (*p.* 28 *et* 29) que, *puisque pour être initié de première classe, il est indispensable de fouler aux pieds le crucifix, en preuve de la haine que l'on porte à Jésus-Christ ; il n'est pas étonnant que ce signe, pieusement invoqué contre les prestiges d'un pareil adepte* (1), *paralyse toutes ses*

---

(1) L'anonyme dit : *ne paralyse.... et ne rende nuls....* Ce *ne* produit un contre-sens ; mais je ne

*tentatives, et rende nuls tous les effets
qu'il s'efforce de produire contre les mœurs
ou contre la religion.*

Mais qui jamais a ouï dire que le but
essentiel du magnétisme fût de produire
des effets contraires à la religion ou aux
mœurs? on peut affirmer au contraire, que
quiconque se propose de tels effets, ne
s'occupe déjà plus du magnétisme, ou
ne s'en sert que pour en abuser. Si cet abus
tenait à la nature essentielle de l'agent,
celui - ci serait essentiellement mauvais.
Mais cet abus n'en faisant point partie,
comment veut-on s'en prendre à l'agent
d'un abus qui lui est étranger ? Quelle manière de raisonner !

Cependant, pourra-t-on dire, comment
expliquer l'invocation du crucifix, neutra-
lisant l'effet du magnétisme ?

Premièrement, le fait est-il bien vrai?
L'auteur l'assure. Soit : mais l'a-t-il vu ?
On le lui a dit. Je l'accorde : mais ne s'est-
on pas moqué de lui ? Secondement,
quand le fait serait vrai, que prouverait-il?

_____

m'occupe pas ici de grammaire, sans quoi j'aurais bien
d'autres critiques à faire.

Ne sait-on pas que la préoccupation d'une idée chez le magnétisé peut arrêter subitement l'effet de l'opération du magnétiseur? Troisièmement, si l'invocation du crucifix quelquefois a détruit l'efficacité du magnétisme, d'autres fois (je le sais), le même moyen en a augmenté l'effet. Voilà donc des faits qui se détruisent, et qui dès-lors n'établissent rien. L'art de conclure des expériences aux principes, est un art très-délicat; il demande un bon observateur et un bon raisonneur : et il y a loin sans doute de la légèreté d'un *homme du monde* à la réserve d'un vrai philosophe.

Après ces réflexions, qu'on juge de la conclusion de l'anonyme au sujet de l'invocation du crucifix (*p.* 29). *Ainsi, l'effet indubitable du pouvoir de ce signe adorable contre les prestiges de l'art magnétique est une démonstration rigoureuse de l'origine infernale de cette science mystérieuse.*

L'aventure de la *femme de qualité*, a donc pour but de prouver que le magnétisme est un art diabolique. On voit si cette preuve est bien acquise, et si c'est là *une démonstration rigoureuse* de l'origine

infernale de cet art. Quant à moi, je n'y
vois pas même une induction, et j'en appelle à quiconque n'a pas le *diable au
corps*.

La quatrième aventure est celle *d'une
jeune femme, jolie et vertueuse* (*p.* 29),
qui, par une simple élévation du cœur vers
le ciel, paralysait aussi les prestiges de
l'art magnétique. Ce fait est de même
genre que le précédent, et donnerait lieu
à des réflexions analogues.

L'auteur (*p.* 3o) se borne à ces seules *histoires*, parmi le nombre *infini* de celles *que
les salons fournissent sur des faits sembla-
bles. Celles-ci suffisent pour le but qu'il
s'est proposé; et il en atteste la vérité, en
dépit de tout incrédule qui voudra les nier.*
Mais il suffit d'observer qu'il est inutile de
nier toutes ces *histoires de salon.* Il n'y a
nul inconvénient de les admettre, pourvu
qu'on n'en tire pas la ridicule conclusion,
que le magnétisme est contraire à la foi et
aux mœurs ; attendu que cette conclusion
n'est aucunement motivée, ainsi qu'on l'a vu.

J'observe néanmoins qu'on pourrait aussi,
sans inconvénient, nier ces mêmes histoires, et sans s'exposer à être pris pour un

visionnaire; qu'ainsi l'anonyme fait peu
d'honneur à sa critique, et se décrédite lui-
même, lorsque, dans son enthousiasme, il
s'écrie (*p.* 25) : *On ne peut me les nier, sans
avoir en même temps la disposition de sou-
tenir qu'il fait nuit en plein midi.* Quoi !
des faits ne peuvent être niés ! des faits qui
sont assimilés (*p.* 3o) à des *histoires de
salon !* des faits qui, par eux-mêmes, peuvent être ou n'être pas, indifféremment !
des faits dont on ne cite aucuns garans !
Et depuis quand de pareils faits doivent-ils
donc être adoptés sur parole, admis sans
examen, et cela sous peine de passer pour
un homme qui refuse de voir la lumière
en plein midi, et qui soutient qu'il fait nuit?
En vérité, il faut une foi bien robuste pour
en croire un auteur qui raisonne de la sorte:
mais c'est ainsi que le zèle peut égarer la
raison.

Faisons grâce à l'anonyme pour ses nom-
breuses observations, et tâchons de le suivre
encore et de le combattre dans les réflexions
générales par où il termine son écrit contre
le magnétisme.

Que penser, dit-il (*p.* 3o), *d'une science
dont il est si facile et si dangereux d'a-*

buser? Lieu commun, et rien de plus; car, de quoi ne peut-on pas abuser ? On abuse bien de la religion : et rien n'est plus *fa-cile*, rien n'est plus *dangereux* que d'en abuser. Faudra-t-il dire aussi de la religion : *Que penser d'une science dont il est si fa-cile et si dangereux d'abuser?* Rien en-core de plus facile et de plus dangereux que d'abuser du raisonnement. Faudra-t-il encore tirer ici la même conclusion : *Que penser,* etc ? Disons plutôt : Que penser d'un auteur qui raisonne de la sorte ? et que pen-ser de ceux qui lui applaudissent, sinon que la préoccupation empêche l'usage de la raison ?

(*P.* 31.) *Tout initié qui en fait le moins mauvais usage* (du magnétisme), *en se bor-nant à ne s'en servir que pour devenir utile à l'humanité souffrante, se rend person-nellement coupable d'un grand péché, en usant d'un moyen diabolique; parce que, cet art paraissant venir du démon, un chrétien ne peut, sans pécher mortellement, l'exercer ni pour soi ni pour un autre.* J'ad-mets tout cela, et sans restriction, supposé cependant que cet art vienne en effet du démon; ce que l'auteur n'a pas démontré, et ce qu'il ne démontrera pas. Mais qu'il me permette de lui demander pourquoi il parle si souvent, et dans le même article, d'une manière contradictoire, en disant, tantôt que cet art *est* diabolique, et tantôt qu'il le *paraît*. Qu'il dise donc nettement, et une bonne fois, lequel des deux.

Je dois convenir au surplus que, même dans le second cas, et pour peu qu'il y eût d'*apparence de diablerie* (si je puis m'exprimer ainsi), on devrait encore s'abstenir de cet art. Mais enfin, le diable est-il là réellement, ou bien y a-t-il seulement présomption qu'il y soit ? C'était à l'anonyme à nous dire ce qu'il en pense ; et pour cela, il ne fallait pas s'exprimer, tantôt d'une façon et tantôt de l'autre, d'autant qu'il s'agissait ici du point capital qu'il avait à établir.

En outre, il se proposait de *dévoiler les mystères du magnétisme ;* et cependant si, sur ce point, il n'a qu'une présomption, on peut dire qu'il n'a rien *dévoilé.* Car, ici il arrache le voile, et là il le laisse : mais il conclut toujours comme s'il avait ôté le voile ; et c'est là sur-tout que brille sa logique. Dans tout cela, je ne vois qu'une grande impropriété de termes, une grande confusion d'idées, un grand embarras d'arriver à sa conclusion, et sur-tout la ressource d'un homme qui veut cacher aux autres l'obscurité d'une cause, non encore éclaircie dans son propre esprit.

(*P.* 31 *et* 32.) *Dieu ordonne bien à un malade d'appeler le médecin; mais il n'entend pas qu'on prenne pour Esculape un ouvrier du démon.* Fort bien : mais prouvez-moi donc que le magnétiseur *est cet ouvrier du démon,* ou même *paraît l'être,* (Je veux dire, c'est probablement.) et je suis prêt à me rendre.

(Ibid.) *Il est incontestable que tous les adeptes au moins de première classe* (du magnétisme) *appartiennent plus ou moins à ces sectes d'illuminés dont la filiation et les horribles principes sont consignés dans les ouvrages de Baruel.* Eh bien! quand il serait vrai que les principaux apôtres du magnétisme auraient le malheur d'avoir, comme les illuminés, des opinions fausses et des principes erronés; quand dans un siècle où l'incrédulité a fait tant de progrès, ils auraient même encore le malheur d'être tous incrédules; s'ensuivrait-il que le magnétisme est l'œuvre du démon? et n'est-il pas évident que qui prouve trop ne prouve rien ?

Je me lasse de continuer cette réfutation ; le courage me manque pour achever. Je ne pourrais que dire et répéter incessamment à l'auteur : Vous supposez ce qui est en question ; vous préjugez, vous décidez, vous tranchez, vous concluez, mais vous ne pouvez rien, et même vous ne pouvez rien prouver. Aussi bien, ce qui me resterait à examiner ne renferme que des déclamations qui ne méritent aucune réponse. Je les laisse donc, et je termine par quelques observations au sujet de la brochure.

La franchise de mon caractère, l'indépendance de mes opinions, l'amour de la vérité, la liberté de la critique, ont pu m'entraîner, me faire passer les bornes de la modération : j'ai pu me fâcher ; mais la charité me criait : *Irascimini et nobite peccare.* En combattant les opinions de l'anonyme, j'ai respecté sa personne. Il se montre sincèrement religieux ; je partage ses opinions : mais il est plein de préjugés ; je les combats : mais il raisonne mal ; je le réfute.

Le zèle de la religion lui a fait prendre

la plume ; c'est aussi le motif qui me déter-
mine à le réfuter. Il croit servir la religion ;
je ferai voir qu'il peut lui faire beaucoup de
tort , en donnant lieu à l'intervention de
ses ministres dans une doctrine qui n'inté-
resse point la foi.

Les ecclésiastiques éclairés connaissent
à fond la religion, savent l'établir et la dé-
fendre. Ils ont dirigé leurs études vers cet
objet important, et ils sont là sur leur ter-
rain ; mais, dans les autres matières, ils sont
sujets à se tromper comme le reste des
hommes ; et cela n'est pas surprenant. Cela
est fâcheux néanmoins, et peut nuire à
cette religion, soit auprès de ceux qui ne
la connaissent point assez pour l'aimer, soit
auprès de ceux qui n'ont pas l'habitude de
réfléchir. N'est-il pas fâcheux, en effet,
que des hommes véritablement infaillibles
lorsqu'ils suivent les oracles de l'esprit saint,
ou lorsqu'ils sont éclairés par lui , puissent
se tromper, et se trompent en effet quelquefois grossièrement, je ne dis pas sur des
matières qui intéressent la foi , ce qui pourtant peut arriver aux particuliers, mais sur
d'autres matières qui ne l'intéressent pas ,
et qu'ils prétendent néanmoins y avoir trait ?

Cela ne tend-il pas à diminuer la confiance des peuples pour les dépositaires de la religion ? cela n'engage-t-il pas à toucher à l'arche sainte et à remuer les fondemens de l'édifice sacré ? La religion, je le sais, n'en est pas moins sainte, ni ses fondemens moins immuables, ni ses ministres moins sûrs, lorsqu'ils transmettent la doctrine qu'ils ont reçue de l'église. Mais c'est ainsi néanmoins que le monde raisonne et agit, lorsqu'il arrive à quelques uns de ces ministres de se tromper.

Le zèle qui les a déterminés à condamner les antipodes, et le mouvement de la terre, et autres choses que je pourrais citer, mieux dirigé, plus éclairé, les aurait, au contraire, empêchés de prendre parti dans ces matières, qui dépendent de la physique, et nullement de la religion. N'en serait-il pas de même du magnétisme ? Et pourquoi voudrait-on qu'un art, qui n'a pour objet que la recherche des lois de la nature, pour but que le soulagement de l'humanité, fût un art diabolique ? Mais si, comme l'a très-bien dit saint Augustin, la charité seule discerne les enfans de Dieu d'avec les enfans du diable (*dilectio sola discernit inter*

filios Dei et filios diaboli), les magnétiseurs jamais pourraient - ils raisonnable-
ment être mis dans cette dernière classe ?

Qu'arrivera - t -il cependant, si la brochure indiscrète de l'anonyme fructifie auprès de certains membres du clergé ? et je
ne me livre à cet examen que parce que la
supposition que je fais se trouve déjà en
partie réalisée. Qu'arrivera-t-il, encore une
fois ? qu'imbus de l'opinion que le magnétisme est, en effet, un art diabolique, ils
voudront en empêcher l'exercice aux fidèles,
et refuseront les sacremens à ceux qui,
plus éclairés que les autres, ne voudront
pas obtempérer à cette défense. Et voilà
comme l'ignorance et le fanatisme produi-
ront le scandale et la persécution !

Est-ce dans un siècle d'incrédulité, que
des ministres de la religion pourraient être
assez imprudens pour donner prise sur eux
par un zèle aussi peu éclairé ! Ah ! qu'ils
soient inflexibles pour tout ce qui regarde
la loi de Dieu ; à la bonne heure, ils le doivent : mais que, dans des matières qui par
elles-mêmes y sont étrangères, ils décident,
et décident sans examen, sans discussion,
sans autorité, sans preuve, et qu'ils veulent

encore intéresser la foi à des objets qui n'y ont aucun rapport ; ce serait se décréditer eux-mêmes, abuser de l'autorité, et donner lieu au scandale.

Relativement au magnétisme, je ne parle pas de l'inconvénient, beaucoup moindre sans doute, mais cependant très-réel encore, de *mettre l'éteignoir sur la raison* (si je puis employer ici une expression dont on a abusé) ; d'arrêter le cours d'expériences qui, comme le dit Fontenelle, *font prendre la nature sur le fait ;* d'empêcher enfin l'exercice d'un art innocent par lui-même, utile à l'humanité, et qui, mieux connu, peut devenir plus précieux encore.

N'est-ce pas d'ailleurs une témérité insigne que d'attribuer cet art à l'esprit de ténèbres, par la seule raison qu'il semble passer les forces de la nature ? Un auteur judicieux, et qui a écrit avant qu'il ne fût question du magnétisme, me fournit des réflexions qui pourront servir de preuve à ce que j'avance : et c'est par elles que je terminerai cet écrit.

« Il semble que l'ignorance où sont les hommes de la puissance de la nature, leur

ôte tout droit de définir ce qui est possible
ou impossible ; puisque, pour le faire, il
faudrait savoir toute l'étendue des causes,
et connaître tous les ressorts qui .compo-
sent les machines des corps. Combien de
choses qui nous eussent paru impossibles,
si l'expérience ne nous eut fait voir qu'elles
sont possibles ?

« Qui eût dit qu'avec un peu de poudre
on ferait sauter des montagnes ? qu'en frot-
tant une aiguille à une pierre , elle acquiè-
rerait la propriété de se tourner toujours
vers le pôle ? et ainsi de tant d'autres choses ? Que de raisons n'aurait-on pas trouvées pour montrer que cela était impossible ?

« Qui n'aurait jamais vu l'opération que
les chimistes appellent *précipitation,* n'ap-
pellerait-il pas impossible la promesse que
ferait un chimiste, de séparer en un moment toutes les parties du corail , des per-
les ou de l'or, répandues dans une quan-
tité d'eau , et liées avec toutes les parties
de cette eau ? De quel agent , dirait-il , se
pourrait on servir, et le moyen de trouver
assez de couteaux pour séparer ce nombre
infini de parties confuses ? Mais , nonobs-

tant toutes ces belles raisons, une goutte
d'une certaine matière en fera l'effet.

« Qui sait de même s'il n'y a point quelque liqueur dans la nature, capable de faire
précipiter toutes les humeurs étrangères
qui changent le corps? La nature peut bien
former un foie, une rate, un poumon dans
le ventre des mères, avec je ne sais quelle
matière : pourquoi ne pourra-t-elle, avec
une autre matière, réformer ce qu'il y a de
gâté dans ce foie, dans cette rate, dans ce
poumon? Il n'y a point, dira-t-on, d'agent
dans la nature capable de produire cet
effet. Mais, dans toutes les causes singu-
lières, on croyait de même qu'il n'y en
avait pas, avant qu'on ne les eût trouvées. »

Ainsi s'exprimait, et long-temps avant
qu'il ne fût question de magnétisme, je
le répète, un homme qui sans doute eût
été bien éloigné de le rejetter s'il l'eût
connu, puisque, par les seules forces de son
esprit, il semble, pour ainsi dire, l'avoir
presenti, en disant : *Qui sait s'il n'y a point
quelque liqueur dans la nature, capable
de faire précipiter toutes les humeurs
étrangères qui changent le corps ?* On voit
du moins qu'il ne se serait point hâté

de prononcer que l'agent du magnétisme est surnaturel, et sur-tout qu'il est diabolique. Cet homme était pourtant religieux, il était catholique, il était théologien, il était bon philosophe : en un mot, cet homme, qui le croirait? c'est *Nicole* (1). Dira-t-on qu'il était janséniste? Il avait tort sans doute : mais en mérite-t-il moins de créance lorsqu'il raisonne bien?

L'anonyme fera donc très-sagement d'apprendre à penser à son école : il fera très-sagement de lire quelques-uns des bons ouvrages où l'on parvient à expliquer naturellement, et d'une manière plausible, les phénomènes qu'il croit devoir rapporter à une cause surnaturelle et diabolique : et alors je ne doute pas que, méritant lui-même d'être mis au nombre de ces *ames droites et vertueuses*, auxquelles il s'adresse, il ne se croie obligé en conscience de se rétracter, et de désavouer le scandale involontaire qu'il a causé, lorsqu'il ne prétendait qu'édifier.

_____

(1, *Voyez* ses *Pensées diverses.*

ᴵFIN.

ERRATA.

Pag. 21, *lig.* 18 *et* 19, problématiques, *lisez* problématique.
27,   17, *supprimez* et.
31,   24, *supprimez* faire.
Id.   26, prour, *lisez* pour.
32,   3, voit, *lisez* croit.
33,   15, peuveent, *lisez* peuvent.
40,   5, *qualité*, lisez *qualifié*.
44,   22, observations, *lisez* aberrations.

Le lecteur exercé suppléra aisément quelques défauts de ponctuation qu'on ne croit pas devoir indiquer.

www.ingramcontent.com/pod-product-compliance
Lightning Source LLC
Chambersburg PA
CBHW070804210326
41520CB00011B/1826